优秀技术工人
百工百法丛书

华伶利工作法

松散地层钻进取心

U0194251

中华全国总工会 组织编写

华伶利 著

中国工人出版社

技术工人队伍是支撑中国制造、中国创造的重要力量。我国工人阶级和广大劳动群众要大力弘扬劳模精神、劳动精神、工匠精神，适应当今世界科技革命和产业变革的需要，勤学苦练、深入钻研，勇于创新、敢为人先，不断提高技术技能水平，为推动高质量发展、实施制造强国战略、全面建设社会主义现代化国家贡献智慧和力量。

——习近平致首届大国工匠
创新交流大会的贺信

优秀技术工人百工百法丛书
编委会

优秀技术工人百工百法丛书

能源化学地质卷

编委会

序

党的二十大擘画了全面建设社会主义现代化国家、全面推进中华民族伟大复兴的宏伟蓝图。要把宏伟蓝图变成美好现实，根本上要靠包括工人阶级在内的全体人民的劳动、创造、奉献，高质量发展更离不开一支高素质的技术工人队伍。

党中央高度重视弘扬工匠精神和培养大国工匠。习近平总书记专门致信祝贺首届大国工匠创新交流大会，特别强调"技术工人队伍是支撑中国制造、中国创造的重要力量"，要求工人阶级和广大劳动群众要"适应当今世界科技革命和产业变革的需要，勤学苦练、深入钻研，勇于创新、敢为人先，不断提高技术技能水平"。这些亲切关怀和殷殷厚望，激励鼓舞着亿万职工群众弘扬劳模精神、劳动精神、工匠精神，奋进新征程、建功新时代。

近年来，全国各级工会认真学习贯彻习近平总书记关于工人阶级和工会工作的重要论述，特别是关于产业工人队伍建设改革的重要指示和致首届大国工匠创新交流大会贺信的精神，进一步加大工匠技能人才的培养选树力度，叫响做实大国工匠品牌，不断提高广大职工的技术技能水平。以大国工匠为代表的一大批杰出技术工人，聚焦重大战略、重大工程、重大项目、重点产业，通过生产实践和技术创新活动，总结出先进的技能技法，产生了巨大的经济效益和社会效益。

深化群众性技术创新活动，开展先进操作

法总结、命名和推广，是《新时期产业工人队伍建设改革方案》的主要举措。为落实全国总工会党组书记处的指示和要求，中国工人出版社和各全国产业工会、地方工会合作，精心推出"优秀技术工人百工百法丛书"，在全国范围内总结 100 种以工匠命名的解决生产一线现场问题的先进工作法，同时运用现代信息技术手段，同步生产视频课程、线上题库、工匠专区、元宇宙工匠创新工作室等数字知识产品。这是尊重技术工人首创精神的重要体现，是工会提高职工技能素质和创新能力的有力做法，必将带动各级工会先进操作法总结、命名和推广工作形成热潮。

此次入选"优秀技术工人百工百法丛书"作者群体的工匠人才，都是全国各行各业的杰出技术工人代表。他们总结自己的技能、技法和创新方法，著书立说、宣传推广，能让更多人看到技术工人创造的经济社会价值，带动更多产业工人积极提高自身技术技能水平，更好地助力高质量发展。中小微企业对工匠人才的孵化培育能力要弱于大型企业，对技术技能的渴求更为迫切。优秀技术工人工作法的出版，以及相关数字衍生知识服务产品的推广，将对中小微企业的技术进步与快速发展起到推动作用。

当前，产业转型正日趋加快，广大职工对于技术技能水平提升的需求日益迫切。为职工群众创造更多学习最新技术技能的机会和条件，传播普及高效解决生产一线现场问题的工法、技法和创新方法，充分发挥工匠人才的"传帮带"作用，工会组织责无旁贷。希望各地工会能够总结命名推广更多大国工匠和优秀技术工人的先进工作法，培养更多适应经济结构优化和产业转型升级需求的高技能人才，为加快建设一支知识型、技术型、创新型劳动者大军发挥重要作用。

中华全国总工会兼职副主席、大国工匠

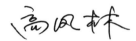

作者简介
About The Author

华伶利

1979 年出生，1994 年 12 月入伍，现为中国地质调查局西安矿产资源调查中心钻探高级技师，探矿工程高级工程师。

华伶利始终奋斗在钻探施工一线，默默坚守、执着追求。先后获得全国首届固体钻探职业技能大赛冠军、中国武警"十大忠诚卫士"、"全国技术能手"、"全国五一劳动奖章"和全国"最美地

质队员"等殊荣；在原武警黄金部队先后荣立一等功
1 次、三等功 3 次；享受国务院政府特殊津贴；2022
年 12 月被评为全国能源化学地质系统"身边的大国
工匠"。

华伶利长期致力于固体岩心钻探技术方法的创新
与应用，屡次带领团队刷新中国地质调查局自然资源
综合调查指挥中心钻探纪录，持续为地质勘查和钻探
行业培育人才；由他牵头申请的国家实用新型发明专
利《一种地质钻探用无泵局部反循环捞粉取心钻具》
有效破解了松散地层取心护心困难及孔壁缩径坍塌的
技术难题，为西部第四系、第三系地层较厚区域的钻
探施工提出了高效解决施工难题的好方法。

择一事、终一生、执着去注；
干一行、专一行、精益求精。

　　　　　　　　　平隆利

目　录
Contents

引　言
Introduction

　　钻探工程是利用钻机从地表向地下钻孔，提取岩心、岩屑、矿样、土样等标本，用以测定地层物理力学性质和指标，查证地下各类矿产资源、能源资源分布和富集情况的一种勘探、勘察技术手段。钻探工程广泛应用于矿产资源调查、能源资源勘查、工程地质勘察、地质灾害调查评价、矿山环境修复治理以及各类桥梁、隧道、公路、基坑等重要基础设施建设。通过钻探工程从地下提取出的岩石、矿石、土样等标本，作为分析地层含矿性、岩石和土层物理力学性质的客观依据，其取心率和取心质量是影响勘探和勘查工作质量的重要指标。

受亚热带大陆性气候、信风以及中西部地区水土流失等因素影响，在我国中西部地区，形成了世界上分布最为集中且面积最大的黄土区，其总面积约为 64 万平方千米，横跨青海、甘肃、宁夏、内蒙古、陕西、山西以及河南 7 个省区，被称为黄土高原，是我国四大高原之一。该地区矿产资源丰富，主要有煤、石油、天然气、铝土、稀土、芒硝、水泥灰岩、陶瓷黏土等，其钨、铜、金等金属资源在国内占比也比较高。除黄土高原以外，我国绝大多数地区地表多分布着深浅不一的新近系、第四系覆盖地层，西部和北部部分地区分布着冻土地层。然而，铝土、陶瓷黏土、稀土等资源往往赋存于水敏的松散地层中；许多金属矿物多赋存于破碎地层的节理、裂隙中；钾盐、石膏、芒硝等矿物甚至表现出水溶特性。以上所提到的地层，由于其松散、破碎、水溶等性质，钻进过程中岩石、矿物、土样等标本容易被冲洗液冲蚀，导致取心率较低，取心质量难以满足勘探、勘察所需。

为解决以上地层岩心采取困难的问题，华伶利设计出一套可有效提高黄土层、第四系覆盖地层、冻土层取心率和取心质量，同时能够解决松散地层钻进过程中岩屑、岩粉沉淀于孔底，影响冲洗液循环的无泵孔底局部反循环钻进工艺。该工艺的应用能够显著提升松散地层岩心采取率和岩心质量，有效应对诸如冻土层、水溶层等典型地层护壁护心难题。同时，该工艺的应用可捞除沉淀在孔底、影响冲洗液循环的岩屑和岩粉，为各类能源、矿产勘察，各类工程勘察提供了松散破碎地层钻进的有效解决方案。

第一讲

无泵孔底局部反循环
钻进工艺概述

　　常规的钻进工艺中，冲洗液作为钻探的"血液"，不论是正循环还是反循环，冲洗液按照固定的循环通路，始终在孔内流动。由于覆盖层、土层、砂砾层、冻土层等地层黏土含量高，且较为松散，冲洗液在循环时会造成对孔壁和岩心的冲蚀，因此以上几类地层在使用单层管钻进时极易出现岩心采取困难、采心质量低、孔壁黏土水化、钻孔超径、孔壁坍塌等不利于钻进的情况，有时由于孔壁坍塌严重，甚至会造成挤夹卡钻事故。

　　无泵孔底局部反循环钻进工艺是通过改造单管钻具异径接头（见图1）结构，改变冲洗液循环方式，在孔底有少量冲洗液的情况下，通过钻进过程中提动钻具的抽吸力，实现孔底冲洗液向岩心管内缓慢倒流。此过程不连续，因此，冲洗液局部反循环的过程能够最大限度降低对岩矿心的冲刷和冲蚀。当岩心管内灌满冲洗液后，操作

图 1   单管钻具异径接头

人员通过下放钻具，使冲洗液通过异径接头中心的引流口和侧引流口反流至孔底。此过程不连续，冲洗液对孔壁的冲蚀和冲刷实现了最大限度的降低，从而保证了孔壁的稳定。该环节进行时，冲洗液在局部形成反向循环，不仅实现了对钻头钻具的冷却和润滑，也通过冲洗液局部回流释放了作用于孔壁的抽吸压力，最大限度地降低了钻进过程中对孔壁造成的扰动和破坏。当回次终止时，存储于钻杆柱内的冲洗液通过侧引流口回流至孔底，防止出现孔壁抽吸，释放钻杆柱内的液柱压力，最大限度地保证了岩心卡取效果，避免出现孔壁坍塌失稳造成的各类挤夹卡钻事故。

钻进松散地层时，钻头通过体积破碎的方式将岩石切削成粒径不等的岩屑和岩粉。此类岩屑和岩粉的持续产生会导致冲洗液中有害固相的累积，而有害固相含量的持续增多会严重影响钻进效率。除此以外，一些粒径较大的岩粉和岩屑由于质量大、粒径大等原因，无法顺利沿冲洗液循环通道上返至地表，而是沉积于孔底，造成钻具回转受阻、磨损加剧，冲洗液循环压力逐步增高。当冲洗液钻进破碎地层、透水地层、水敏地层时，冲洗液循环压力增大，会造成冲洗液滤失量提高，冲洗液中滤失的自由水受压力影响，向孔壁裂隙内渗透，并与破碎地层中的黏土分子结合，造成孔壁水化膨胀。当钻进回次终了，冲洗液突然失压时，一些游离在孔壁内的自由水迅速从裂隙中反流至钻孔内，对固结地层的黏土类物质产生冲蚀，造成孔壁失稳，导致一些角砾状的岩石从孔壁坍塌。下个回次冲洗液循环时，一些大颗粒的岩屑和孔壁坍落的角砾会被冲洗液冲刷上浮，在钻头或扩孔器等粗径部位堆积；一些细粒的固相颗粒将仅有的循环通路封堵，造成"群粒封门"现象，导致冲洗液无法正常循环，泥浆泵压力陡然上升，冲洗液中滤失的自由水再次渗透至地层裂隙之中。如此反复，周而复始，孔壁将出现严重的超径和坍塌，挤夹卡钻事故因此发生。根据以往施工经验，在钻进破碎地层时，一旦出现以上状况，仅靠冲洗液循环护壁，将进入"憋车憋泵"和孔壁坍塌的死循环，除非将孔底的有害固相捞除干净，否则钻探工程将难以继续进行。无泵孔底局部反循环钻进工艺的应用，可在不通水的情况下将孔底的有害固相通过干钻的方式收纳至岩心管中，提钻时，侧引流口可将钻杆柱内的冲洗液回流至孔底，释放冲洗液对所捞取岩粉、岩屑的压力，提高捞粉成功率。通过1~3次捞粉作业，孔底的有害固相即可被清除，钻进工作即可继续展开。

第二讲

设计原理和关键技术装备

一、设计原理

　　无泵孔底局部反循环钻具由钻杆、岩心管、引流接头、回流接头和钻头组成。钻杆、引流接头、回流接头、岩心管以及钻头依次由螺纹连接，具备可拆卸功能。

　　钻进时，钻杆远离岩心管一端连接在钻机上，钻机为钻进提供轴向给进和提升的动力，并驱动钻杆带动整套钻具系统实现回转。使用该工艺技法钻进时，位于地表的泥浆泵将少量匹配地层的冲洗液输送至钻杆内腔之后，冲洗液通过回流接头中的回流通路流至孔底，确保孔底具有一定量的冲洗液作为冷却润滑介质。该工艺技法在引流接头腔体内设计了放置腔，放置腔设置为倒锥形状，当上提钻具时，封堵球底部与中心回流孔嵌合，防止回流通孔中的冲洗液倒流，便于保护采取的岩心，提高岩心采取率和取心质量。通过多次上提和下放钻具过程，岩心和冲洗液将充盈岩心管。此时下放钻具，封堵球与中心回流孔分离，使得冲洗液与岩粉进入放置腔，最后进入中心回流孔，便于实现孔底部的局部反循环，在冷却钻头的同时，带出孔底部的岩粉。封堵球引流接头上螺纹连接取粉管，取粉管、钻杆以及引流接头共同形成用于沉淀岩粉的环形腔，环形腔与回流通孔连通。取粉管远离引流接头一端呈斜口状设置，便于将取粉管中的岩粉倒入容器中。由于斜口的尖端与孔壁的接触面积较小，减小了斜口尖端与孔壁的阻力，可避免提钻时取粉管破坏孔壁，便于将钻具从孔中取出。当岩心管内腔积累一定的岩心时，将钻具从钻孔中取出，再将岩心管拆卸下来，从岩心管中取出岩心，从而实现取心和捞粉的目的。

二、关键技术与设备

该技术关键在于对单管钻具异径接头的结构改造。此项技术可用于工程、水文、固体岩心等多个涉及钻探的领域，立轴式、全液压动力头式、全液压顶驱式钻机均可使用。

关键设备为异径接头、取粉管。

三、创新性与解决的问题

1. 创新性

本项技术是在单管钻具的基础上对异径接头进行改造，优化冲洗液循环方式，利用钻具上下提动产生流体循环压力，降低冲洗液对松散地层的冲刷和破坏，且核心设备易于加工，工序简单，操作方便。

2. 解决的问题

解决松散地层采心难、松散地层护壁难、复杂地层捞粉难的问题。

第三讲

技能技法适用范围

　　无泵孔底局部反循环钻进工艺适用于固体岩心地质钻探、能源资源勘探、工程地质勘察、水文地质钻探等多个领域，涉及金刚石、硬质合金单管单动钻进工艺的钻探工程均可使用该技法。上接头可连接 ϕ50、ϕ71、ϕ89 等口径钻杆。根据施工钻孔直径，岩心管可选用 ϕ91、ϕ110、ϕ130、ϕ150 等口径。

一、解决地层取心困难的问题

　　应对浅表松散覆盖地层、黄土层等取心困难地层，该技法可最大限度地减轻冲洗液循环对松散地层典型岩心（见图 2、图 3）和孔壁造成的冲刷和冲蚀，防止出现岩心、土样的扰动破坏，显著提升钻进取心率和取心质量。

图 2　松散地层典型岩心①

图3 松散地层岩心②

二、解决松散地层孔壁难以维护的问题

针对砂砾层、冻土层、水溶性地层等孔壁难以维护的地层（见图4、图5），该技法的应用需匹配能够应对相关地层的特效冲洗液。当钻进砂砾层时，冲洗液应具备较高的抗滤失性能，以高固相粗分散泥浆体系为宜；当钻进冻土层时，应选用比热容较低的冲洗液，以泡沫冲洗液为宜，控制接触冲洗液导致的冻土层中固态水融化；当钻进水溶性地层时，冲洗液应具备不溶解地层中水溶性物质的性质，以油基泥浆、饱和盐水泥浆为宜。以上地层使用该技法，可大幅降低钻进过程中的孔内事故概率，预防孔壁坍塌、超径、掉块和挤夹卡钻问题，有助于提升以上地层岩心采取率。

三、解决孔内有害固相无法清除的问题

针对松散地层钻进过程中，孔底累积大量有

图 4　覆盖层典型岩心

图 5   冻土层融化后坍塌

害固相，造成冲洗液循环不畅、孔壁坍塌缩径等问题，该技法的应用能够在规避孔壁抽吸和冲洗液连续循环的基础上，将沉淀于孔底的有害固相和角砾状岩石捞除，有效提高复杂地层钻进成孔概率。

第四讲

解决取心困难问题时的操作流程和注意事项

使用该工艺技法应对松散地层取心难题时，钻机操作人员需按照下钻、泵送冲洗液、钻进、提钻和取心的流程依次进行操作。

一、下钻

下钻前，操作人员需按照钻头、岩心管、引流接头、封堵球、回流接头的顺序依次将钻具连接紧固。在确保孔底存有一定量冲洗液的基础上进行下钻操作，操作过程中需注意钻具和钻杆的下放速度不宜过快，防止钻头撞击孔壁造成的钻头非正常损耗。下钻至距孔底 2~3m，将钻杆上端与钻机连接，为下个环节的操作做好准备。

二、泵送冲洗液

泵送冲洗液量根据孔底冲洗液的存量决定，原则上冲洗液埋深一般不低于岩心管总长的 2.5 倍。如果孔底存留的冲洗液量过少，钻进过程中被抽吸进入岩心管内的冲洗液不能充盈岩心管时，将导致岩心管外的冲洗液液面过低，影响钻头冷却和钻具润滑效果，严重时会导致钻头烧结。操作人员需根据泥浆泵流量和泵送时间来精准计算冲洗液泵送量。

三、钻进

无泵孔底局部反循环工艺技法在钻进环节对钻机操作人员的要求较高。钻进前，操作人员应缓慢地将钻具扫孔至孔底，扫孔和钻进时钻速不宜过快，钻压不宜过大。钻进过程中，每钻进1~2min，操作人员需使用给进油缸将钻具提动30~50cm。提动钻具的过程中，冲洗液受岩心管内负压作用，从岩心管与孔壁的环状间隙内向岩心管内流动，对钻头进行冷却。而后，操作人员使用给进油缸将钻具下放至孔底，此过程中冲洗液通过回流接头上的回流口进入岩粉收纳装置。

当岩粉收纳装置被冲洗液充盈时，下放钻具的过程可使冲洗液回流至孔底，实现孔底局部反循环。需要注意的是，回次进尺长度的确定取决于地层的物理力学性质，主要考虑地层的密实度和胶结性。在钻进阶段，除提动钻具过程以外，冲洗液无法对钻头进行冷却，为防止钻头熔融或烧结，操作人员需高度关注孔内扭矩变化，观察电压电流变化。一般情况下，电流微升、电压微降或钻机耐震压力表跳动均提示此时钻头部位温度上升，此时操作人员应及时提动钻具，对钻头进行冷却。

四、提钻

当回次进尺接近岩心管长度或钻速降低时，一般提示岩心管装满或岩心堵塞，此时操作人员应及时提钻取心。尽管该工艺技法设计了冲洗液回流通路，但封堵球在提钻过程中会与中心回流孔嵌合，届时孔壁会在钻具上提的作用下产生抽吸。提钻的同时，位于岩心管内的岩心在钻头内台阶、钻头保径以及因封堵球与回流孔嵌合产生负压的作用下存留于岩心管中。提钻时，操作人员应合理控制钻具提升速度，防止猛拉硬拽，防止急停硬蹾，规避因震动导致的岩心脱落，确保取心率。

五、取心

钻具提出孔口后，操作人员应从钻头与岩心管连接丝扣处将钻头卸下，将采取的岩心依次摆放至岩心箱内。尤其要注意的是，取心时不能使用大锤猛敲岩心管和钻头，拆卸钻头丝扣时尽量使用自由钳，防止岩心管和钻头因外力导致的变形而受损。

六、应用实例

2016年，原武警黄金第六支队在青海省同德县加吾矿区（见图6）布设钻孔ZK001。该钻孔位于马日当沟东侧的洪积扇上，地表为厚约30m的第四系覆盖地层，覆盖地层以下为厚约100m的第三系砂砾岩地层以及少量类似于古河床的卵砾石沉积层。由于钻孔周边地层富水性较强，地下水持续向孔壁内渗透，钻孔护壁的取心难度较大。为解决钻孔上部地层取心难题，原武警黄金第六支队采取无泵孔底局部反循环单管钻进工艺对该孔覆盖地层进行施工，选用高固相粗分散加重泥浆作为循环介质，以平衡地下水渗透压力。使用金刚石复合片钻头，应对卵砾石地层；使用硬质合金钻头，应对第四系覆盖地层和第三系砂砾岩地层。钻孔按照五径成孔、四级套管的孔身结构设计，使用 ϕ150 口径钻穿第四系覆盖地层后，下入 ϕ146 套管护壁隔水；使用 ϕ130 口径

图 6　加吾矿区典型松散覆盖地层

钻穿卵砾石地层后，下入 ϕ127 套管护壁隔水；使用 ϕ110 口径钻穿第三系砂砾岩地层后，下入 ϕ108 套管护壁隔水（其间采取跟管钻进的方式保证孔壁稳定）；于孔深 134m 处钻进至基岩地层。后采用 HQ、NQ 金刚石绳索取心工艺进行施工，最终于孔深 1088.68m 处顺利实现终孔。该孔施工周期总计 52 天，上部松散地层岩心采取率达 90.66%；全孔岩心采取率达 97.58%。使用无泵孔底局部反循环钻进工艺成功解决了上部松散地层取心和护壁难题，为该矿区钨矿找矿突破奠定了坚实基础。该孔施工完成后，原武警黄金第六支队对该技术进行了推广，后续 4 个钻孔均实现了高效钻进。

第五讲

解决松散地层护壁难题时的操作流程和注意事项

使用该工艺技法应对砂砾层、冻土层、水溶性地层时，除按照规范进行钻机操作以外，还需配制性能足以匹配地层的相应冲洗液。操作时，需按照配制适用于地层的冲洗液、下钻、泵送冲洗液、钻进、提钻和取心的流程依次进行操作（本讲操作流程和注意事项主要描述与第四讲的不同之处，其他操作流程参考第四讲）。

一、冲洗液配制

1. 砂砾岩地层

松散砂砾岩地层沉积环境以河流相沉积为主，地层分选差，胶结程度低，渗透性强（见图7）。为确保冲洗液护壁效果，对松散砂砾岩地层应选用高固相细分散泥浆为宜。泥浆应具备良好的抗滤失性能，防止因泥浆失水造成的孔壁坍塌和粒状物脱落造成的挤夹卡钻问题。如果砂砾岩地层富水或涌水，则建议提高泥浆相对密度，使

图 7　第三系砂砾岩地层

用加重泥浆平衡地层压力，防止因自由水向孔内渗透导致的孔壁坍塌和掉块卡钻问题。

2. 冻土地层

冻土地层分布于我国北部气候寒冷地区，通常是指含有冰的岩石和土壤。冻土层可分为季节性冻土层和永久性冻土层。钻进该类地层时，钻头与地层摩擦产生热量，当冲洗液温度高于 0℃时，与冲洗液接触的冻土剖面上的冰融化为水，原本坚硬的地层会急速融散，夹杂在地层中的砾石、黏土从孔壁纷纷脱落，造成孔壁坍塌。为保证孔壁稳定，应对冻土层时，可选用泡沫冲洗液、油基泥浆或饱和盐水泥浆作为循环介质。冲洗液应具备良好的抗滤失性能，钻进时形成致密的泥皮，对孔壁起到保护作用。

3. 水溶性地层

以钾盐、卤水、芒硝、石膏等水溶性矿产作为找矿目标时，地层中的水溶性物质将逐步溶解

于冲洗液中，造成岩心采取率低、孔壁超径坍塌
等问题。应对以上地层时，基浆应不溶解以上水
溶性物质，以油基泥浆、饱和盐水泥浆为宜。

二、下钻至取心流程

　　当应对松散地层护壁难题时，下钻至取心的
操作方法同第四讲所述。需要着重注意的问题有
三个方面：一是要严格控制起、下钻速度，防止
因外力对孔壁产生扰动和破坏，适当控制回次进
尺长度，原则上回次进尺长度不得大于岩心管长
度，确保提钻过程中，存储于钻杆柱内的冲洗液
可以顺畅地从回流接头反流至孔底，防止因抽吸
产生的负压破坏孔壁稳定。二是钻进过程中应适
当增加提动钻具的频次，缩小提动钻具的距离。
提动钻具时，封堵球与回流孔嵌合，孔底冲洗液
在负压作用下形成自环状间隙至岩心管内的孔底
局部反循环，提动钻具的距离越长，作用于孔壁

的抽吸力就越大。由于地层松散的特性，过大的抽吸力会造成孔壁坍塌，所以控制提动距离就非常必要。除此以外，由于操作人员控制了提动距离，所以从环状间隙流进岩心管内的冲洗液容积也将随之降低，为防止钻头过热或烧结，提动钻具的频次需要高于平时。三是应对冻土层和水溶性地层时，冲洗液的护壁护心性能必须满足钻探施工需求。由于冻土融化需要吸收热量，所以冲洗液的一些热量将被地层吸收。由于钻头钻具与孔壁和地层摩擦的过程会产生热量，当摩擦产生的热量大于孔壁中冰融化为水吸收的热量时，冲洗液会出现升温，此时地层中更多的冰会融化，孔壁将难以维护。因此钻进冻土地层时，存储于孔底的冲洗液容积保证够用即可。此时可将回流孔设置于连接回流接头的钻杆上端，尽可能每个回次将孔底温度较高的冲洗液通过取心手段带出钻孔，每回次开始前，将低温冲洗液泵送至孔底，以减缓冻土层的融化速度。必要时可采取跟管钻进的方式来保证孔壁稳定。当钻进水溶性地层时，尽可能选用水溶性物质的非溶剂作为冲洗液基浆，降低水溶性地层的溶解速度，保证护壁护心效果。

三、应用实例

2012—2013 年，原武警黄金第六支队在青海省祁连县红川矿区开展钻探作业（见图 8），该矿区平均海拔 3700m，地表由一层厚度不等、平均厚约 20m 的永冻层覆盖。施工过程中，常规单管钻具钻进时冻土层不断受到冲洗液向孔壁的浸润和钻杆钻具摩擦产生的热量所影响，孔壁坍塌、掉块，严重超径。不仅取心率难以满足规范要求，且孔壁难以维护，经常出现越打越浅的现象。为破解施工难题，根据多年施工经验，该队设计出无泵孔底局部反循环钻具，配合"多级

图 8　高原施工环境及场景

少开"原则，采取多梯次换径、跟管护壁的方法，显著提升了冻土层护壁效果，提高了岩心采取率。使用该工艺后，HZK401、CZK201两个钻孔仅用不足12h的时间，便顺利钻穿永冻层，冻土层施工效率较以往提升343%，岩心采取率从原本的34%提升至87.6%。从施工情况看，该工艺技术具备三个显著特点：一是结构简单，适配性强。钻具接头可直接与岩心管螺纹连接，同时设置的取粉管可将孔底粒径较大的岩屑、角砾收纳在取粉器中，防止出现挤夹卡钻问题。二是具有较好的通用性。该钻具既能够应对稳定基岩地层，也能够应对冻土覆盖地层，还能够有针对性地提高破碎地层的岩心采取率。三是对孔壁的冲刷冲蚀程度更低。首先，由于该钻具改变了冲洗液的循环方式，有效实现了护心与护壁相结合；其次，由于封堵机构的设计，岩心不受液柱压力的影响，取心成功率得到了显著提升；再次，由于冲洗液孔底局部反循环设计，岩矿心进入岩心管过程的阻力减小，岩心不易堵塞，钻进效率显著提升，回次进尺更长；最后，加工方便，成本低廉。该钻具对材料要求不高，简单的机加工设备即可实现加工，且可以反复利用。

第六讲

解决孔内有害固相无法清除
难题时的操作流程和注意事项

　　当使用该工艺技法解决孔内有害固相无法清除难题时，除按照规范进行钻机操作以外，孔壁超径严重时，有害固相的捞除需要反复进行 2~3 次捞粉作业过程（见图 9）。操作时，需按照配制适用于地层的冲洗液、下钻、泵送冲洗液、钻进、提钻和取心的流程依次进行操作（本讲的操作流程和注意事项主要描述与第四讲、第五讲的不同之处，其他操作流程参考第四讲、第五讲）。

一、孔底有害固相的判断和依据

1. 超径部位的判断

　　当孔底有害固相无法沿冲洗液循环通道上反至地面时，冲洗液循环压力逐步增高，会造成钻具回转受阻、磨损加剧，严重时甚至造成挤夹卡钻事故。因此对于超径部位的判断至关重要。一般情况下，金刚石绳索取心钻具钻进至超径部位

图 9　井底岩芯固相图

后，一些大颗粒的岩屑和孔壁坍落的角砾会被冲洗液冲刷上浮，在钻头或扩孔器等粗径部位堆积；一些细粒的固相颗粒将仅有的循环通路封堵，造成"群粒封门"现象。此时判断超径部位最大的依据应该是冲洗液循环压力的骤然提升和钻具回转遇阻，钻机扭矩增大。操作人员要准确掌握超径孔段的起止孔深，并结合超径孔段长度，决定捞粉作业的次数。

2.捞粉作业的注意事项

因孔底有害固相沉淀，捞粉过程中要着重注意以下几点。一是尽可能采取干钻法捞粉，非必要不通水。二是捞粉作业取粉管（岩心管）下端可连接硬质合金钻头或直接将岩心管下端切割成多个叶片状结构，便于在收纳一定量的有害固相后，多个叶片状结构在给进力作用下向钻具内侧收拢，防止捞取的有害固相掉落孔底。三是捞粉作业时需高度关注钻机扭矩变化和钻速变化。一般情况下，钻机扭矩显著提升和钻速显著下降均提示叶片状结构已收拢，若此时继续钻进，孔底的岩粉和有害固相将无法顺利进入岩心管（取粉管），而是在钻具下压力的作用下被挤向环状间隙，操作人员应及时提钻取粉。四是为保证超径孔段有害固相清除后钻进顺畅，防止孔壁继续出现坍塌，一般情况下，采用泵送的方式将配制好的水泥浆灌注至超径部位，待水泥浆固结后，使用常规金刚石绳索取心工艺将水泥透开，即可继续正常钻进，尤其要计算好水泥浆用量和替浆水容积，确保灌注效果。

二、应用实例

2019 年，西安矿产资源调查中心在甘肃省岷县寨上矿区施工某钻孔时，由于矿体赋存于厚大的破碎带中，地层以构造角砾岩为主，胶结程度低（见图 10）。施工过程中 50~280m 孔段为连续的碎裂蚀变岩和构造角砾岩，施工至 280m 处，孔底沉淀的有害固相无法正常随冲洗液上返，造成"群粒封门"现象，钻进时反复憋泵憋车，钻进工作一度陷入僵局。在反复扫孔过程中，由于孔壁严重超径坍塌，钻孔孔深"越钻越浅"。为了破解施工难题，利用无泵孔底局部反循环钻进工艺，通过 4 次捞粉作业的方式，有效清除了孔底的有害固相，捞出混凝土状的有害固相孔段接近 13m。而后配制水灰比 0.5∶1 的水泥浆对超径部位进行灌注。3 天后待水泥固结，使用 NQ 金刚石钻具将水泥透开，成功解决了钻进难题。该钻孔最终以 75 口径于 343.56m 处顺利实现终孔。

图 10　砂砾层岩心

第七讲

附图说明

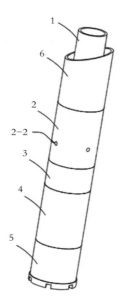

图 11　无泵局部反循环捞粉取心钻具的结构示意图

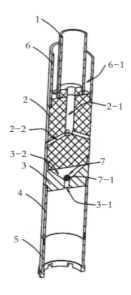

图 12 无泵局部反循环捞粉取心钻具的第一角度剖视图

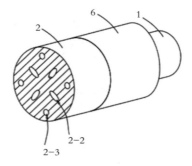

图 13 无泵局部反循环捞粉取心钻具的第二角度剖视图

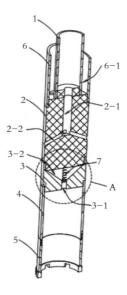

图 14   无泵局部反循环捞粉取心钻具的具有另一种
封堵件的剖视图

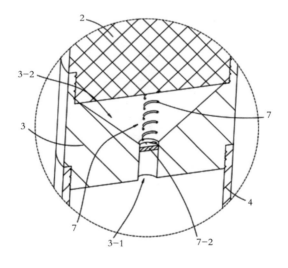

A

图 15 图 14 中 A 部分的放大图

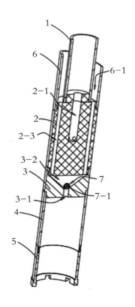

图 16   无泵局部反循环捞粉取心钻具的第三角度剖视图

附图标记：1. 钻杆；2. 引流接头；2-1. 中心引流孔；2-2. 侧引流孔；2-3. 回流通孔；3. 回流接头；3-1. 中心回流孔；3-2. 放置腔；4. 岩心管；5. 钻头；6. 取粉管；6-1. 环形腔；7. 封堵件；7-1. 封堵球；7-2. 封堵块

后　记

鸟随鸾凤飞腾远，人伴贤良品自高。我来自普通的农民家庭，初中毕业后参军，后获得大学本科学历，从事基层一线工作至今已30年。多年来，在中国地质调查局西安矿产资源调查中心和中国能源化学地质工会的悉心培养下，在张黎明、齐名等劳模大师的感召和引领下，我谨遵"三光荣""三特别"地质精神，怀揣着对职业的敬畏之心，执着坚守自己的岗位，通过努力到达了行业的前列。

习近平总书记指出，我国工人阶级和广大劳动群众"要大力弘扬劳模精神、劳动精神、工匠精神"。我们要充分发挥好劳模工匠引领示范作用，如果一个人有技术，他就会有前途；如果一群人有技术，那么这个行业就会有希望。劳模工匠工作室以弘扬工匠精神、放大工匠效应为宗旨；引领中心钻探骨干开展技术攻关、发明创造、科技创新活动；发挥"传帮带"作用，培养知识型、技能型、创新型钻探人才。把劳模精神、劳动精神、工匠精神传递到更多的产业工人技术队伍当中去。

习近平总书记强调"矿产资源勘查开发事关国计民生和国家安全"。钻探是找到能源矿产资源的钥匙，我也愿做一把钥匙，通过找到更多更富的矿产资源，保障国家能源资源安全，实践找矿突破战略行动。

民族需要精神，社会需要脊梁，新时代的发展更需要大国工匠。迈向新征程，我将立足岗位，把"执着专注、精益求精、一丝不苟、追求卓越"的工匠精神融入干事创业、责任担当、信念坚守的各个方面，勤勉为人、勤奋做事；工于至善行天下，在平凡的岗位中干出不平凡的业绩；匠心筑梦展宏图，努力为国家能源资源安全作出更大的贡献。

军院利

2024 年 5 月

图书在版编目（CIP）数据

华伶利工作法：松散地层钻进取心 / 华伶利著.
北京：中国工人出版社，2024.6. -- ISBN 978-7-5008-
8464-4

Ⅰ. TD745

中国国家版本馆CIP数据核字第2024FH0978号

华伶利工作法：松散地层钻进取心

出 版 人	董　宽	
责 任 编 辑	魏　可	
责 任 校 对	张　彦	
责 任 印 制	栾征宇	
出 版 发 行	中国工人出版社	
地　　　址	北京市东城区鼓楼外大街45号　邮编：100120	
网　　　址	http://www.wp-china.com	
电　　　话	（010）62005043（总编室）	
	（010）62005039（印制管理中心）	
	（010）62379038（职工教育编辑室）	
发 行 热 线	（010）82029051　62383056	
经　　　销	各地书店	
印　　　刷	北京市密东印刷有限公司	
开　　　本	787毫米×1092毫米　1/32	
印　　　张	2.875	
字　　　数	32千字	
版　　　次	2024年8月第1版　2024年8月第1次印刷	
定　　　价	28.00元	

优秀技术工人百工百法丛书

第一辑　机械冶金建材卷

100 ARTISANS AND 100 TECHNIQUES SERIES

郭玉明工作法

复吹转炉底吹的精准维护

100 ARTISANS AND 100 TECHNIQUES SERIES

金国平工作法

炼钢连铸设备智能化的运维与改善

100 ARTISANS AND 100 TECHNIQUES SERIES

李兵工作法

汽车发动机故障诊断与维修

100 ARTISANS AND 100 TECHNIQUES SERIES

李凯军工作法

压铸模具制造

100 ARTISANS AND 100 TECHNIQUES SERIES

林学斌工作法

连铸电气设备的点检

100 ARTISANS AND 100 TECHNIQUES SERIES

刘伯鸣工作法

带直段锥体的锻造与成形

100 ARTISANS AND 100 TECHNIQUES SERIES

刘更生工作法

京作硬木家具制作水磨、烫蜡技艺

100 ARTISANS AND 100 TECHNIQUES SERIES

潘从明工作法

萃取设备的设计与制造

100 ARTISANS AND 100 TECHNIQUES SERIES

裴永斌工作法

弹性油箱全自动数控加工技术

100 ARTISANS AND 100 TECHNIQUES SERIES

邵志村工作法

铜精矿火法的双闪冶炼

100 ARTISANS AND 100 TECHNIQUES SERIES

王树军工作法

设备的养护与修理

100 ARTISANS AND 100 TECHNIQUES SERIES

王万松工作法

热轧带钢板形的控制

100 ARTISANS AND 100 TECHNIQUES SERIES

温广勇工作法

玻璃纤维拉丝设备的维修与优化

100 ARTISANS AND 100 TECHNIQUES SERIES

文寨军工作法

低热硅酸盐水泥的制备及应用

100 ARTISANS AND 100 TECHNIQUES SERIES

徐成东工作法

肉眼抄判奥斯麦特炉渣含铅品位

100 ARTISANS AND 100 TECHNIQUES SERIES

郑久强工作法

转炉炼钢炉型的控制与操作

优秀技术工人百工百法丛书

第二辑　海员建设卷

100 ARTISANS AND 100 TECHNIQUES SERIES

蔡连财
工作法

半潜船浮装
操作

100 ARTISANS AND 100 TECHNIQUES SERIES

常洪霞
工作法

公交安全驾驶
与服务

100 ARTISANS AND 100 TECHNIQUES SERIES

陈宇航
工作法

大型管道
装配

100 ARTISANS AND 100 TECHNIQUES SERIES

陈竹祥
工作法

汽车漆膜修补

100 ARTISANS AND 100 TECHNIQUES SERIES

程克辉
工作法

常用
焊接操作技能

100 ARTISANS AND 100 TECHNIQUES SERIES

勾常春
工作法

盾构注浆
"制—运—注"
一体化集成系统

100 ARTISANS AND 100 TECHNIQUES SERIES

李燕肇
工作法

古建彩画
颜料调制
及彩画工艺流程

100 ARTISANS AND 100 TECHNIQUES SERIES

廖明
工作法

地铁司机应急处置
技能培训

100 ARTISANS AND 100 TECHNIQUES SERIES

魏钧
工作法

焊接十步
操作法

100 ARTISANS AND 100 TECHNIQUES SERIES

吴喜军
工作法

桥梁伸缩缝
微创技术

100 ARTISANS AND 100 TECHNIQUES SERIES

翟筛红
工作法

古建筑
冰纹窗制作

100 ARTISANS AND 100 TECHNIQUES SERIES

竺士杰
工作法

远控集装箱
岸桥操作法